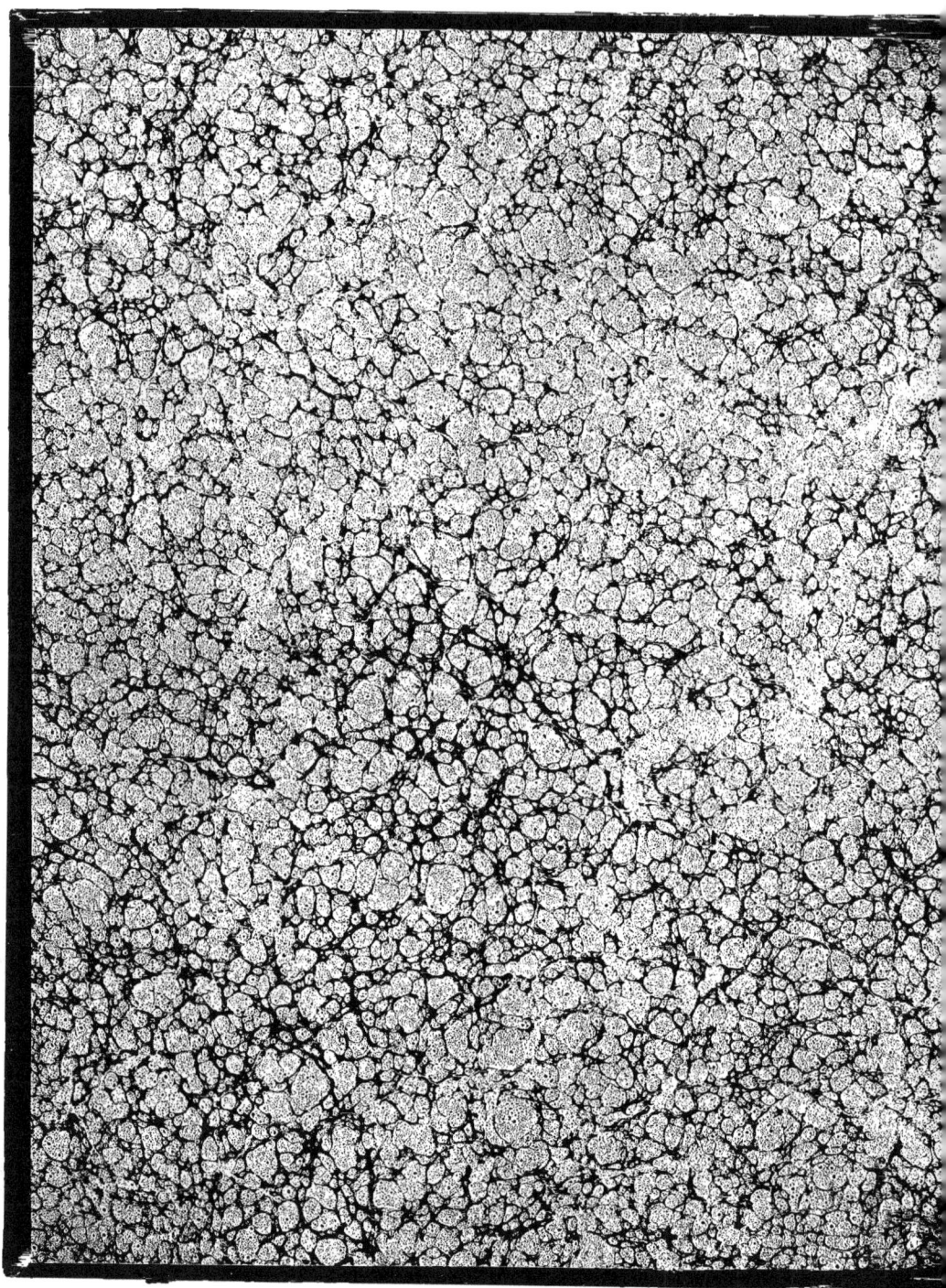

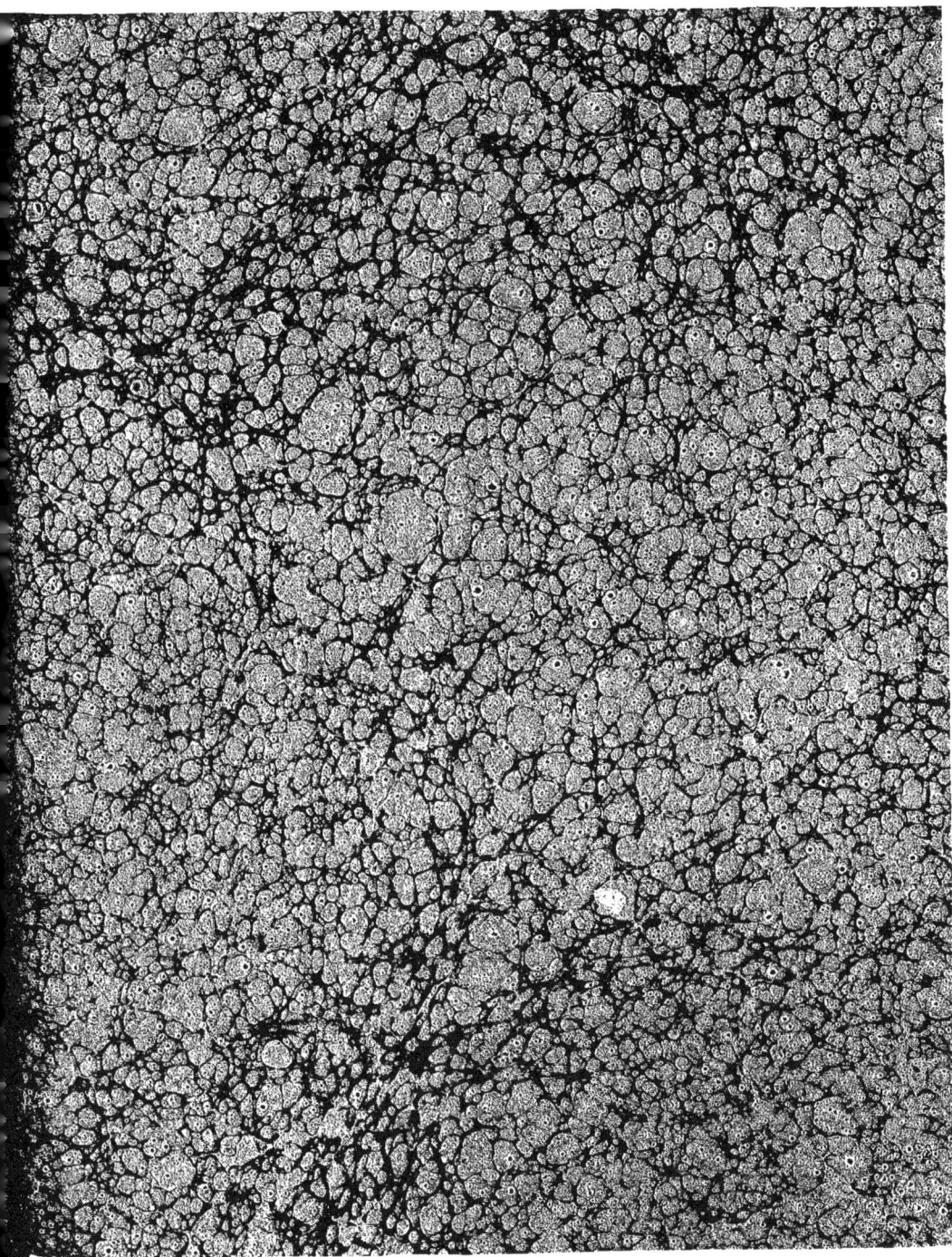

THÈSES

POUR

LE DOCTORAT ÈS SCIENCES MATHÉMATIQUES,

PRÉSENTÉES

A LA FACULTÉ DES SCIENCES DE RENNES,

LE 10 JANVIER 1843,

PAR F. M. PAIGNON,

CHARGÉ D'UNE DIVISION DE MATHÉMATIQUES AU COLLÉGE ROYAL DE RENNES.

PARIS,

TYPOGRAPHIE DE FIRMIN DIDOT FRÈRES,

IMPRIMEURS DE L'INSTITUT, RUE JACOB, 56.

1843.

UNIVERSITÉ DE FRANCE.

ACADÉMIE DE RENNES.

FACULTÉ DES SCIENCES.

PROFESSEURS :	EXAMINATEURS :
MM. MORREN, DOYEN,	MM. MORREN,
CHENOU,	CHENOU,
MALAGUTTI,	DUROCHER.
DUJARDIN,	
DUROCHER.	

A MON PÈRE ET A MA MÈRE,

A MON BEAU-PÈRE ET A MA BELLE-MÈRE.

TÉMOIGNAGE D'AMOUR ET DE RESPECT.

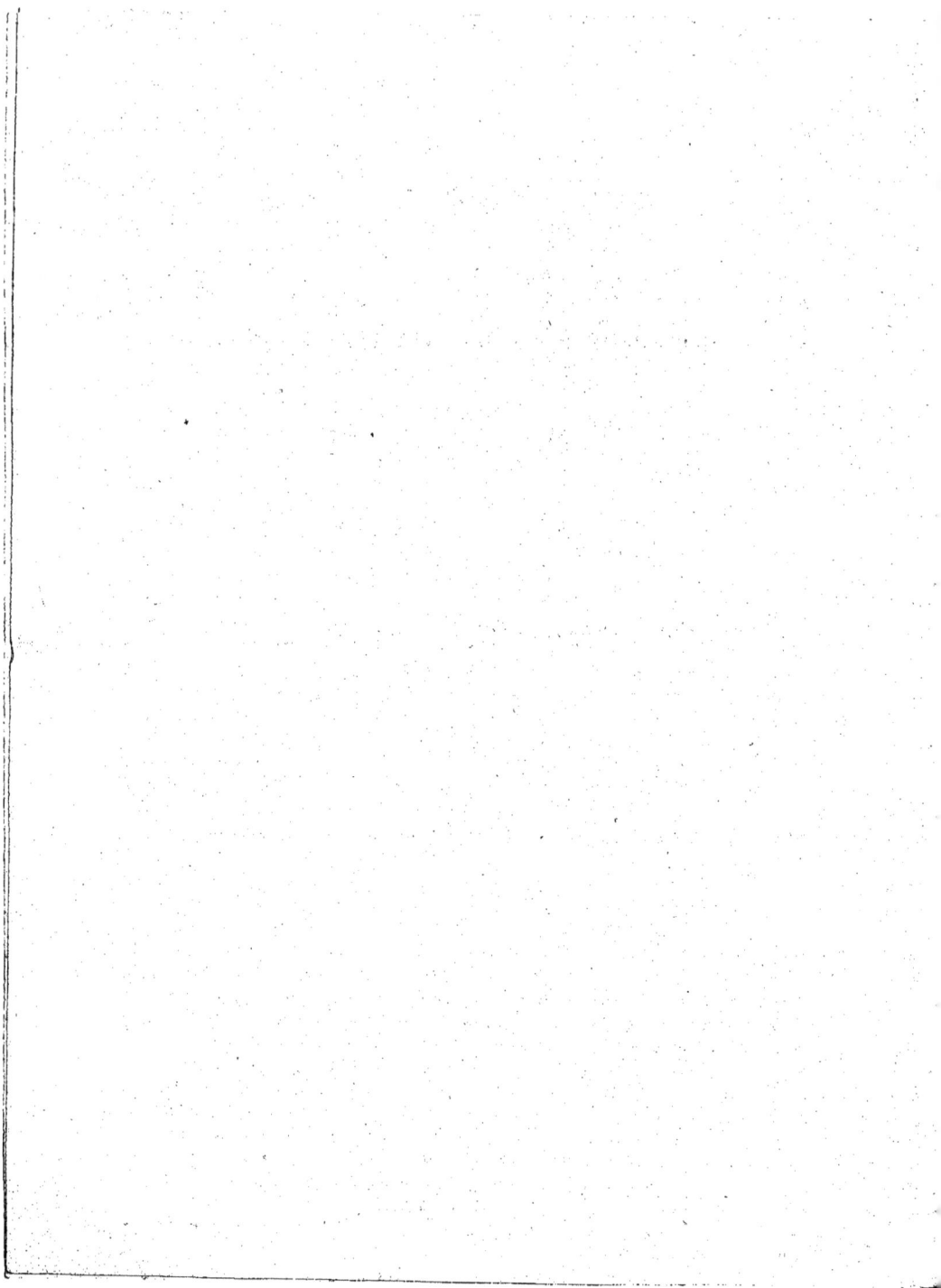

THÈSE DE MÉCANIQUE.

DE LA COURBE

DÉCRITE

PAR UN POINT MATÉRIEL,

ATTIRÉ PAR UN CENTRE FIXE.

1. Le problème du mouvement d'un corps autour d'un centre d'attraction a beaucoup occupé les géomètres. Les équations auxquelles il conduit s'intègrent dans un certain nombre de cas particuliers, et, entre autres, dans le cas où le mobile est sollicité par une force qui varie en raison inverse du carré de la distance, qui est le cas de la nature; mais ces équations du mouvement ne peuvent être intégrées dans leur plus grand état de généralité, et le but de cette thèse est de faire voir comment, lorsque la force est proportionnelle à une puissance quelconque de la distance, on peut, à l'aide de son équation différentielle, discuter la trajectoire du mobile et reconnaître des circonstances du mouvement qui ne sont pas toujours sans intérêt.

2. Soit r le rayon vecteur mené du centre au mobile,

θ l'angle que ce rayon vecteur fait avec une droite fixe, t le temps, v la vitesse du mobile, R la fonction de r qui exprime l'attraction.

On sait que l'aire décrite par le rayon r est proportionnelle au temps; en désignant par c le double de l'aire décrite dans l'unité de temps, de sorte que $r^2 d\theta = cdt$, on a les formules

$$v^2 = c^2\left[\frac{1}{r^2} + \left(\frac{d\frac{1}{r}}{d\theta}\right)^2\right], \quad R = \frac{c^2}{r^2}\left(\frac{1}{r} + \frac{d^2\frac{1}{r}}{d\theta^2}\right).$$

Faisons $\frac{1}{r} = z$ et $Rr^2 = \varphi'(z)$, $\varphi'(z)$ désignant la dérivée de la fonction $\varphi(z)$; la dernière équation devient

$$\frac{d^2 z}{d\theta^2} = \frac{1}{c^2}\varphi'(z) - z;$$

multiplions par $2dz$, intégrons et nommons a une constante, il viendra

$$\left(\frac{dz}{d\theta}\right)^2 = a + \frac{2}{c^2}\varphi(z) - z^2,$$

et par suite

$$v^2 = ac^2 + 2\varphi(z).$$

Les données initiales feront connaître l'aire infiniment petite décrite dans le premier instant, et par suite la constante c; quant à la constante a, c'est la valeur initiale de $\frac{v^2 - 2\varphi(z)}{c^2}$, on voit qu'elle peut être tantôt positive, tantôt négative.

3. Examinons maintenant la forme de la trajectoire, lorsque la force R est proportionnelle à une puissance de la distance.

Soit donc $R = \mu r^n$; on a $Rr^2 = \mu r^{n+2}$, et par suite

$$\varphi'(z) = \frac{\mu}{z^{n+2}}.$$

Il en résulte

$$\varphi(z) = -\frac{\mu}{(n+1)z^{n+1}};$$

par conséquent

$$\left(\frac{dz}{d\theta}\right)^2 = a - \frac{2\mu}{c^2(n+1)} \cdot \frac{1}{z^{n+1}} - z^2,$$

(ceci suppose $n+1$ différent de zéro), ou bien

$$d\theta = \frac{dz}{\sqrt{a - \frac{2\mu}{c^2(n+1)} \cdot \frac{1}{z^{n+1}} - z^2}}.$$

§ I. $n < -3$.

4. Pour rendre la discussion plus claire, nous supposerons d'abord $n < -3$, et nous ferons $n = -3 - p$, p désignant un nombre positif, et $\frac{2\mu}{c^2(p+1)} = g$, g étant aussi une quantité positive. Il viendra

$$d\theta = \frac{dz}{\sqrt{a - z^2 + gz^{p+2}}} \qquad (1).$$

Cela posé, l'équation

$$a - z^2 + gz^{p+2} = 0 \qquad (2)$$

pourra présenter les cinq cas suivants :

1° Elle aura une seule racine positive et une racine nulle,

2° Elle aura deux racines positives égales,

3° Elle aura deux racines positives inégales,

4° Elle n'aura aucune racine positive,

5° Elle aura une seule racine positive sans racine nulle.

Le premier cas est celui où $a = 0$; en désignant par γ la racine positive, on a $\gamma = \left(\frac{1}{g}\right)^{\frac{1}{p}}$.

Dans le second cas, on a $a > 0$, et la valeur commune γ

des deux racines doit annuler à la fois le premier membre de l'équation (2) et sa dérivée; on a donc

$$\gamma = \left(\frac{2}{(p+2)g}\right)^{\frac{1}{p}}, \quad a = \left(\frac{p}{p+2}\right)\left(\frac{2}{(p+2)g}\right)^{\frac{2}{p}}.$$

Dans le troisième cas, on a encore $a > 0$; de plus, la valeur de z qui annule la dérivée doit être comprise entre les deux racines de l'équation (2), et par suite doit rendre son premier membre négatif, ce qui donne

$$a < \left(\frac{p}{p+2}\right)\left(\frac{2}{(p+2)g}\right)^{\frac{2}{p}}.$$

Si l'on nomme γ et δ la plus petite et la plus grande racine, la première rendra le polynome dérivé $-2z + g(p+2)z^{p+1}$ négatif, et la seconde le rendra positif; on a donc

$$g(p+2)\gamma^{p+1} - 2\gamma < 0 \text{ et } g(p+2)\delta^{p+1} - 2\delta > 0.$$

Dans le quatrième cas, on aura encore $a > 0$; mais la valeur z qui annule le polynome dérivé devra rendre positif le premier membre de l'équation (2), et par suite on a

$$a > \left(\frac{p}{p+2}\right)\left(\frac{2}{(p+2)g}\right)^{\frac{2}{p}}.$$

Enfin on a dans le cinquième cas $a < 0$.

Le tableau suivant résume cette discussion

$$a = 0 \dots\dots\dots\dots\dots\dots\dots\dots\dots\dots\dots 1^{er} \text{ cas};$$

$$a > 0 \begin{cases} a = \frac{p}{p+2}\left(\frac{2}{(p+2)g}\right)^{\frac{2}{p}} \dots\dots\dots 2^e \text{ cas}; \\ a < \frac{p}{p+2}\left(\frac{2}{(p+2)g}\right)^{\frac{2}{p}} \dots\dots\dots 3^e \text{ cas}; \\ a > \frac{p}{p+2}\left(\frac{2}{(p+2)g}\right)^{\frac{2}{p}} \dots\dots\dots 4^e \text{ cas}; \end{cases}$$

$$a < 0 \dots\dots\dots\dots\dots\dots\dots\dots\dots\dots\dots 5^e \text{ cas}.$$

5. *Premier cas.* La valeur de z doit rester supérieure à γ,

sans quoi le deuxième membre de l'équation (2) deviendrait imaginaire; le rayon vecteur variera donc de o à $\frac{1}{\gamma}$ qui est sa valeur maximum; ainsi la courbe se composera de deux branches, symétriques par rapport au rayon vecteur maximum et se réunissant à l'origine.

L'angle V qui sépare le rayon vecteur maximum du rayon vecteur égal à zéro sera donné par la formule

$$V = \int_{\gamma}^{\infty} \frac{dz}{\sqrt{g z^{p+2} - z^2}}.$$

Faisons $z = \gamma u$, u désignant une nouvelle variable; il viendra, à cause de

$$g\gamma^{p+2} = \gamma^2, \quad V = \int_{1}^{\infty} \frac{du}{u\sqrt{u^p - 1}} = \frac{\pi}{p}.$$

6. *Deuxième cas.* Si la valeur initiale ζ de z est supérieure à γ, z pourra varier de γ à l'infini, ou le rayon vecteur de $\frac{1}{\gamma}$ à zéro.

L'angle compris entre le rayon vecteur égal à zéro et le rayon vecteur initial est égal à

$$\int_{\zeta}^{\infty} \frac{dz}{\sqrt{a - z^2 + g z^{p+2}}}.$$

On prouve aisément qu'il est fini.

Mais l'angle compris entre le même rayon initial et le rayon vecteur maximum $\frac{1}{\gamma}$ est infini, attendu que l'intégrale

$$\int_{\gamma}^{\zeta} \frac{dz}{\sqrt{a - z^2 + g z^{p+2}}},$$

qui en exprime la valeur, est elle-même infinie.

La courbe aura donc une de ses extrémités à l'origine, et

s'en éloignera de plus en plus en restant toujours comprise dans l'intérieur d'un cercle dont le rayon est $\frac{1}{\gamma}$, et qu'elle n'atteindra qu'après un nombre infini de révolutions.

`7. Si la valeur initiale ζ de z est inférieure à γ, z pourra varier de γ à zéro, et le rayon vecteur de $\frac{1}{\gamma}$ à l'infini.

L'angle compris entre le rayon vecteur infini et le rayon vecteur initial est égal à

$$\int_0^\zeta \frac{dz}{\sqrt{a - z^2 + g z^{p+2}}}.$$

et on démontre aisément qu'il est fini ; mais l'angle compris entre ce rayon initial et le rayon vecteur minimum $\frac{1}{\gamma}$ sera exprimé par l'intégrale

$$\int_\zeta^\gamma \frac{dz}{\sqrt{a - z^2 + g z^{p+2}}},$$

laquelle est infinie.

La trajectoire, dans ce cas, s'étend donc, d'un côté, vers l'infini, tandis que, de l'autre, elle s'approche de plus en plus d'un cercle dont le rayon est $\frac{1}{\gamma}$, et qu'elle n'atteint qu'après un nombre infini de révolutions.

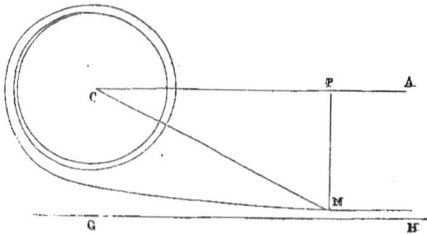

8. La branche infinie a une asymptote qu'on détermine comme il suit :

Soit CA le rayon vecteur qui devient infini, MP la perpendiculaire abaissée d'un point M de la courbe sur ce rayon.

Si l'on suppose l'angle MCP très-petit et égal à ε, l'inverse du rayon vecteur MC sera aussi une très-petite quantité λ, et si l'on suppose ces quantités infiniment petites, la formule

$$d\theta = \frac{dz}{\sqrt{a - z^2 + g z^{p+2}}}$$

donnera

$$\varepsilon = \frac{\lambda}{\sqrt{a}}.$$

Mais on a $MP = MC \sin MCP = \frac{1}{\lambda} \sin \varepsilon$, ou bien

$$MP = \frac{\sin \varepsilon}{\varepsilon} \cdot \frac{1}{\sqrt{a}}.$$

ε étant infiniment petit, $\frac{\sin \varepsilon}{\varepsilon} = 1$, et par conséquent

$$lim\, MP = \frac{1}{\sqrt{a}}.$$

La courbe a donc une asymptote GH parallèle à OA, et dont la distance à l'origine est $\frac{1}{\sqrt{a}}$.

9. *Troisième cas.* La valeur de z ne peut tomber entre les deux racines γ et δ ; autrement le second membre de l'équation (1) serait imaginaire. Si donc la valeur initiale de z est supérieure à δ, cette variable restera comprise entre δ et l'infini, ou, en d'autres termes, le rayon vecteur variera de $\frac{1}{\delta}$ à o.

La trajectoire se composera donc de deux branches, sy-

2.

métriques de part et d'autre du rayon vecteur maximum $\frac{1}{\gamma}$ et se réunissant à l'origine.

10. L'angle V qui sépare le rayon vecteur maximum du rayon vecteur égal à zéro, est donné par la formule

$$V = \int_\delta^\infty \frac{dz}{\sqrt{a - z^2 + g z^{p+2}}}.$$

On démontre aisément que cette intégrale est finie, et on peut en trouver une limite, en cherchant sa dérivée par rapport à a; pour cela, remarquons d'abord qu'en vertu de l'équation $a - \delta^2 + g\delta^{p+2} = 0$, δ varie avec a, et que l'on a

$$\frac{d\delta}{da} = - \frac{1}{(p+2)g\delta^{p+1} - 2\delta}.$$

Faisons maintenant $z = \delta u$, et il viendra

$$V = \delta \int_1^\infty \frac{du}{\sqrt{a - \delta^2 u^2 + g\delta^{p+2} u^{p+2}}};$$

d'où

$$\frac{dV}{da} = \left\{ \begin{aligned} &\frac{d\delta}{da} \int_1^\infty \frac{du}{\sqrt{a - \delta^2 u^2 + g\delta^{p+2} u^{p+2}}} \\ &- \frac{\delta}{2} \int_1^\infty \frac{du}{(a - \delta^2 u^2 + g\delta^{p+2} u^{p+2})^{\frac{3}{2}}} \left\{ 1 - \left[2\delta u^2 - (p+2)g\delta^{p+1} u^{p+2} \right] \frac{d\delta}{da} \right\} \end{aligned} \right\}.$$

En remplaçant $\frac{d\delta}{da}$ par sa valeur et ayant égard à la relation $a = \delta^2 - g\delta^{p+2}$, on trouve, toutes réductions faites,

$$\frac{dV}{da} = \frac{pg\delta^{p+2}}{2[(p+2)g\delta^{p+1} - 2\delta]} \int_1^\infty \frac{(u^{p+2} - 1)du}{(a - \delta^2 u^2 + g\delta^{p+2} u^{p+2})^{\frac{3}{2}}}.$$

On a déjà fait voir que l'expression $(p+2)g\delta^{p+1} - 2\delta$ est positive : le facteur $u^{p+2} - 1$ est aussi positif entre les limites de l'intégration; on a donc $\frac{dV}{da} > 0$. Il résulte de là que V augmente en même temps que a. On aura donc la valeur minimum de V en supposant $a = 0$; alors on tombe dans le premier cas (n° 5) et l'on a $V = \frac{\varpi}{p}$. Si, au contraire, on donne à a sa plus grande valeur, savoir

$$\frac{p}{p+2} \left(\frac{2}{(p+2)g} \right)^{\frac{2}{p}},$$

on est ramené au second cas, et on a vu qu'alors V est infini (n° 6); cet angle n'a donc pas de maximum.

11. Supposons maintenant la valeur initiale de z plus petite que γ; z pourra varier de 0 à γ, et par conséquent le rayon vecteur de $\frac{1}{\gamma}$ à l'infini. La trajectoire se composera donc de deux branches, symétriques de part et d'autre du rayon vecteur minimum $\frac{1}{\gamma}$, et s'éloignant à l'infini.

L'angle V qui sépare le rayon vecteur minimum du rayon vecteur infini est donné par la formule

$$V = \int_0^\gamma \frac{dz}{\sqrt{a - z^2 + g z^{p+2}}},$$

et l'on prouve aisément que cette intégrale est finie.

12. De plus, un calcul analogue à celui qu'on a fait plus haut (n° 10) donnera

$$\frac{dV}{da} = \frac{pg\gamma^{p+2}}{2[(p+2)g\gamma^{p+1} - 2\gamma]} \int_0^1 \frac{(u^{p+2} - 1)du}{(a - \gamma^2 u^2 + g\gamma^{p+2} u^{p+2})^{\frac{3}{2}}}.$$

Ici l'expression $(p+2)g\gamma^{p+1} - 2\gamma$ est négative : mais le facteur $u^{p+2} - 1$ est aussi négatif dans les limites de l'intégration ; on a donc encore $\frac{dV}{da} > 0$. On aura donc le minimum de V en supposant $a = 0$; or dans ce cas γ devient zéro. Pour trouver la valeur que prend V, mettons-le sous la forme

$$V = \gamma \int_0^1 \frac{du}{\sqrt{a - \gamma^2 u^2 + g\gamma^{p+2} u^{p+2}}},$$

ou, en ayant égard à la relation $a - \gamma^2 + g\gamma^{p+2} = 0$,

$$V = \gamma \int_0^1 \frac{du}{\sqrt{\gamma^2(1 - u^2) - g\gamma^{p+2}(1 - u^{p+2})}} = \int_0^1 \frac{du}{\sqrt{1 - u^2 - g\gamma^p(1 - u^{p+2})}}.$$

Faisons maintenant $\gamma = 0$, et nous aurons pour le minimum de V,

$$\int_0^1 \frac{du}{\sqrt{1 - u^2}} \quad \text{ou} \quad \frac{\varpi}{2}.$$

Si d'un autre côté on donne à a sa plus grande valeur

$$\frac{p}{p + 2}\left(\frac{2}{(p+2)g}\right)^{\frac{2}{p}},$$

on trouvera encore que V devient infini; ainsi cet angle n'a pas de maximum.

Ajoutons qu'en répétant les raisonnements qui terminent l'examen du second cas (n° 8), on trouvera pour chacune des branches infinies de la courbe une asymptote située à la distance $\frac{1}{\sqrt{a}}$ de l'origine.

13. *Quatrième cas.* Le polynome $a - z^2 + gz^{p+2}$ restant positif pour toute valeur de z, cette variable pourra prendre toutes les valeurs de zéro à l'infini, et par conséquent le rayon vecteur variera lui-même de zéro à l'infini.

L'angle qui sépare le rayon vecteur nul du rayon vecteur infini est donné par la formule

$$V = \int_0^\infty \frac{dz}{\sqrt{a - z^2 + gz^{p+2}}},$$

et on prouvera aisément qu'il est fini. De plus, l'équation

$$\frac{dV}{da} = -\frac{1}{2} \int_0^\infty \frac{dz}{(a - z^2 + gz^{p+2})^{\frac{3}{2}}}$$

montre que V diminue, quand a augmente; or, pour la valeur minimum de a, savoir

$$\frac{p}{p+2}\left(\frac{2}{(p+2)g}\right)^{\frac{2}{p}},$$

V devient infini, et pour $a = \infty$, V se réduit à zéro; cet angle n'a donc ni maximum ni minimum.

On démontrera, comme plus haut (n° 8), que la courbe a une asymptote, dont la distance à l'origine est $\frac{1}{\sqrt{a}}$.

14. *Cinquième cas.* Comme a est négatif, nous poserons $a = -b$, b désignant une quantité positive, et nous nommerons γ la racine positive unique de l'équation $gz^{p+2} - z^2 - b = 0$.

Cela posé, z devant être toujours supérieur à γ, on voit que la courbe se compose de deux branches, symétriques par rapport au rayon vecteur maximum $\frac{1}{\gamma}$, et se réunissant à l'origine.

L'angle compris entre le rayon vecteur nul et le rayon vecteur maximum est donné par la formule

$$V = \int_{\gamma}^{\infty} \frac{dz}{\sqrt{gz^{p+2} - z^2 - b}},$$

et l'on prouve aisément qu'il est fini. De plus, si dans la valeur de $\frac{dV}{da}$ trouvée dans la première partie du troisième cas (n° 10), on change δ en γ et a en b, on aura

$$\frac{dV}{db} = -\frac{pg\gamma^{p+2}}{2[(p+2)g\gamma^{p+1} - 2\gamma]} \int_{1}^{\infty} \frac{(u^{p+2} - 1)du}{(g\gamma^{p+2}u^{p+2} - \delta^2 u^2 - b)^{\frac{3}{2}}}.$$

Or, l'équation $g\gamma^{p+2} - \gamma^2 - b = 0$ donne $2g\gamma^{p+1} - 2\gamma = \frac{2b}{\gamma}$, ou bien $(p + 2)g\gamma^{p+1} - 2\gamma = \dfrac{2b}{\gamma} + pg\gamma^{p+1}$, et par consé-

quent $(p + 2)g\gamma^{p+1} - 2\gamma > 0$. On a donc $\dfrac{dV}{db} < 0$; ainsi

le maximum de V répond à $b = 0$, ce qui ramène au pre-

mier cas (n° 5), et donne $V = \dfrac{\varpi}{p}$: le minimum répond à

$b = \infty$. Pour savoir quelle est alors la valeur de V, fai-

sons $z = \gamma u$, et remplaçons b par $g\gamma^{p+2} - \gamma^2$, il viendra

$$V = \int_1^\infty \frac{du}{\sqrt{g\gamma^p(u^{p+2} - 1) - (u^2 - 1)}};$$

si maintenant on suppose b infini, γ devient aussi infini,

et V se réduit à zéro.

Ainsi, dans le cas qui nous occupe, cet angle est compris

entre zéro et $\dfrac{\varpi}{p}$.

§ II. $n = -3$.

15. Jusqu'à présent nous avons supposé

$$n < -3.$$

Examinons en particulier l'hypothèse

$$n = -3, \text{ ou } p = 0.$$

L'équation (1) se réduit alors à

$$d\theta = \frac{dz}{\sqrt{a + (g - 1)z^2}} \qquad (3),$$

g étant égal à la quantité positive $\dfrac{\mu}{c^2}$; l'équation (3) est in-

tégrable, et, pour la discuter, nous considérerons séparément les cinq cas indiqués dans le tableau suivant:

$$g > 1 \begin{cases} a = 0 \dots\dots\dots\dots\dots\dots\dots\dots\dots\dots\dots\dots 1^{er} \text{ cas.} \\ a > 0 \dots\dots\dots\dots\dots\dots\dots\dots\dots\dots\dots\dots 2^e \text{ cas.} \\ a < 0 \dots\dots\dots\dots\dots\dots\dots\dots\dots\dots\dots\dots 3^e \text{ cas.} \end{cases}$$

$$g < 1 \dots\dots\dots\dots\dots\dots\dots\dots\dots\dots\dots\dots\dots\dots 4^e \text{ cas.}$$

$$g = 1 \dots\dots\dots\dots\dots\dots\dots\dots\dots\dots\dots\dots\dots\dots 5^e \text{ cas.}$$

16. *Premier cas.* L'équation (3) se réduit à $d\theta = \dfrac{dz}{z\sqrt{g-1}}$,

et on en tire en intégrant $z = e^{\theta\sqrt{g-1}}$ (Il est inutile d'ajouter une constante à l'angle θ, pourvu que l'on compte cet angle à partir d'une ligne convenable; cette remarque s'applique à tous les cas où l'équation entre θ et z est intégrable). Cette équation représente une spirale logarithmique, dont le rayon vecteur ne devient nul ou infini qu'après un nombre infini de révolutions. Cette courbe n'a pas d'asymptote.

17. *Deuxième cas.* L'intégrale de l'équation (3) est ici

$$z = \frac{1}{2}\sqrt{\frac{a}{g-1}}\left(e^{\theta\sqrt{g-1}} - e^{-\theta\sqrt{g-1}}\right).$$

Si l'on fait varier θ de zéro à l'infini, z varie lui-même de zéro à l'infini, et le rayon vecteur de l'infini à zéro; mais il n'atteint cette dernière valeur qu'après un nombre infini de révolutions. La courbe a une asymptote dont la distance à l'origine est $\dfrac{1}{\sqrt{a}}$.

18. *Troisième cas.* Nous ferons $a = -b$, b désignant une quantité positive, et nous aurons

$$z = \frac{1}{2}\sqrt{\frac{b}{g-1}}\left(e^{\theta\sqrt{g-1}} + e^{-\theta\sqrt{g-1}}\right).$$

Si, à partir de la valeur zéro, on fait varier θ jusqu'à l'in-

3

fini positif, ou l'infini négatif, z augmente depuis $\sqrt{\dfrac{b}{g-1}}$ jusqu'à l'infini, et par conséquent le rayon vecteur diminue depuis $\sqrt{\dfrac{g-1}{b}}$ jusqu'à zéro. La courbe se compose donc de deux branches, symétriques de part et d'autre du rayon vecteur maximum $\sqrt{\dfrac{g-1}{b}}$, et qui n'atteignent l'origine qu'après un nombre infini de révolutions.

19. *Quatrième cas.* Pour que la valeur de θ soit réelle, il faut qu'on ait $a > 0$; on trouve alors

$$z = \sqrt{\dfrac{a}{1-g}}\,\cos.\theta\sqrt{1-g}.$$

Si l'on fait varier θ depuis zéro jusqu'à $\dfrac{\pi}{2\sqrt{1-g}}$, ou jusqu'à $\dfrac{-\pi}{2\sqrt{1-g}}$, z variera de $\sqrt{\dfrac{a}{1-g}}$ à zéro, et le rayon vecteur de $\sqrt{\dfrac{1-g}{a}}$ à l'infini. La courbe se compose donc de deux branches, symétriques de part et d'autre du rayon vecteur minimum $\sqrt{\dfrac{1-g}{a}}$, et s'éloignant l'une et l'autre à l'infini. L'angle $\dfrac{\pi}{2\sqrt{1-g}}$, qui sépare le rayon vecteur minimum du rayon vecteur infini, est fini, mais supérieur à $\dfrac{\pi}{2}$. Chaque branche a une asymptote située à la distance $\dfrac{1}{\sqrt{a}}$ de l'origine.

20. *Cinquième cas.* L'équation (3) se réduit alors à $d\theta = \dfrac{dz}{\sqrt{a}}$, dans laquelle a est nécessairement positif; on

en tire $z = \theta\sqrt{a}$, équation d'une spirale hyperbolique.

Le rayon vecteur est infini pour $\theta = 0$; mais il ne devient nul qu'après un nombre infini de révolutions. La distance de l'asymptote à l'origine est $\dfrac{1}{\sqrt{a}}$.

§ III. $n > -3$.

21. Il nous faut maintenant supposer $n > -3$; de sorte qu'en faisant $n = -3 + p$, p sera un nombre positif. Si de plus nous représentons par g la quantité $\dfrac{2\mu}{c^2(2-p)}$, il nous viendra

$$d\theta = \frac{dz}{\sqrt{a + gz^{2-p} - z^2}} \qquad (4).$$

La quantité g est positive si p est moindre que 2, négative si p surpasse 2. Dans la première hypothèse, l'équation $z^2 - g z^{2-p} - a = 0$ (5) peut avoir une seule racine positive sans racine nulle, si a est positif, ou une racine positive et une racine nulle, si $a = 0$, ou deux racines positives égales, ou deux racines positives inégales. Ces deux derniers cas supposent $a < 0$. On ne doit pas considérer le cas où l'équation (5) n'aurait aucune racine positive, puisqu'alors $d\theta$ serait toujours imaginaire.

22. Dans l'hypothèse où p est moindre que 2, la quantité g est négative, et pour que $d\theta$ puisse être réel, il faut que a soit positif, et de plus que l'équation (5) admette deux racines positives égales ou inégales; car autrement le radical qui entre dans l'équation (4) serait imaginaire pour toute valeur de z. Cette discussion conduit à distinguer les quatre

3.

cas indiqués par le tableau ci-après. Les courbes répondant
aux autres cas seraient imaginaires.

$$p < 2, \ a = 0 \ldots\ldots\ldots\ldots\ldots\ldots\ldots 1^{er} \text{ cas},$$
$$p < 2, \ a > 0 \ldots\ldots\ldots\ldots\ldots\ldots\ldots 2^{e} \text{ cas},$$
$$\left.\begin{array}{l} p < 2, \ a < 0 \\ p > 2, \end{array}\right| a > \frac{p}{p-2}\left(\frac{(2-p)g}{2}\right)^{\frac{2}{p}} \ldots\ldots 3^{e} \text{ cas},$$
$$\ldots\ldots a = \frac{p}{p-2}\left(\frac{(2-p)g}{2}\right)^{\frac{2}{p}} \ldots\ldots\ldots\ldots 4^{e} \text{ cas}.$$

23. *Premier cas.* Si l'on désigne par γ la racine positive de
l'équation $z^2 - g\,z^{2-p} = 0$ ou $z^p = g$, on voit que la valeur
de z doit toujours rester inférieure à γ ; le rayon vecteur variera donc de $\frac{1}{\gamma}$ à l'infini, et la courbe se composera de deux
branches, symétriques de part et d'autre du rayon vecteur
minimum $\frac{1}{\gamma}$ et s'éloignant à l'infini.

De plus, l'angle V compris entre le rayon vecteur minimum
et le rayon vecteur infini est donné par la formule

$$V = \int_0^\gamma \frac{dz}{\sqrt{g z^{2-p} - z^2}} = \int_0^1 \frac{du}{\sqrt{u^{2-p} - u^2}} = \frac{\varpi}{p} ;$$

il n'y a pas d'asymptote.

Dans le cas particulier où $p = 1$, on a $V = \varpi$, et la trajectoire est une parabole, ayant pour foyer l'origine.

24. *Deuxième cas.* L'équation $z^2 - g\,z^{2-p} - a = 0$ a,
dans ce cas, une seule racine positive γ, que z ne peut sur-
passer. La courbe se compose donc, comme dans le cas précédent, de deux branches symétriques de part et d'autre
du rayon vecteur minimum $\frac{1}{\gamma}$, et s'étendant à l'infini.

L'angle V qui sépare le rayon vecteur infini du rayon vecteur minimum est donné par la formule

$$V = \int_0^\gamma \frac{dz}{\sqrt{a + gz^{2-p} - z^2}}.$$

On démontre aisément qu'il est fini, et par un calcul semblable à celui que l'on a fait (n° 10), on trouve

$$\frac{dV}{da} = -\frac{pg\gamma^{2-p}}{2[2\gamma - (2-p)g\gamma^{1-p}]} \int_0^1 \frac{(1 - u^{2-p})du}{[a - g\gamma^{2-p}u^{2-p} - \gamma^2 u^2]^{\frac{3}{2}}}$$

mais on a $\gamma^2 - g\gamma^{2-p} = a$, ou bien $2\gamma - 2g\gamma^{1-p} = \frac{2a}{\gamma}$, et par suite $2\gamma - (2-p)g\gamma^{1-p} = \frac{2a}{\gamma} + pg\gamma^{1-p}$. L'expression $2\gamma - (2-p)g\gamma^{1-p}$ est donc positive, d'où résulte $\frac{dV}{da} < 0$.

V diminuant quand a augmente, est maximum quand $a = 0$, ce qui nous ramène au cas précédent (n° 23), et donne $V = \frac{\varpi}{p}$.

Pour avoir le minimum de V, il faut supposer $a = \infty$, d'où résulte $\gamma = \infty$.

Avant de substituer ces valeurs, faisons $z = \gamma u$, il vient

$$V = \int_0^1 \frac{\gamma du}{\sqrt{a + g\gamma^{2-p}u^{2-p} - \gamma^2 u^2}},$$

ou bien, à cause de $a = \gamma^2 - g\gamma^{2-p}$,

$$V = \int_0^1 \frac{du}{\sqrt{1 - u^2 - \frac{g}{\gamma^p}(1 - u^{2-p})}}.$$

Si nous supposons maintenant $\gamma = \infty$, il vient $V = \frac{\varpi}{2}$.

Ainsi en général l'angle V est compris entre $\frac{\varpi}{p}$ et $\frac{\varpi}{2}$.

Chaque branche de la courbe a une asymptote dont la distance à l'origine est $\frac{1}{\sqrt{a}}$.

Dans le cas particulier où $p = 1$, on a $\cos V = -\dfrac{g}{\sqrt{g^2 + 4a}}$, et la courbe est une hyperbole ayant pour foyer l'origine.

25. *Troisième cas*. Désignons par γ et δ les deux racines positives de l'équation (5), γ étant la plus petite. La valeur de z devra rester comprise entre γ et δ; ainsi le rayon vecteur variera de $\frac{1}{\gamma}$ à $\frac{1}{\delta}$, et deviendra alternativement maximum et minimum.

On prouve aisément que l'angle

$$V = \int_{\gamma}^{\delta} \frac{dz}{\sqrt{a + gz^{2-p} - z^2}},$$

compris entre le rayon minimum et le rayon maximum suivant, a une valeur finie, et la courbe sera fermée dans le cas où cette valeur sera commensurable avec l'angle droit.

26. On peut par le calcul suivant déterminer des limites de cet angle. Les équations

$$a + g\gamma^{2-p} - \gamma^2 = 0, \quad a + g\delta^{2-p} - \delta^2 = 0$$

donnent

$$a = \frac{\gamma^2 \delta^{2-p} - \delta^2 \gamma^{2-p}}{\delta^{2-p} - \gamma^{2-p}}, \quad g = \frac{\delta^2 - \gamma^2}{\delta^{2-p} - \gamma^{2-p}},$$

et par conséquent

$$V = \int_{\gamma}^{\delta} \frac{dz}{\sqrt{\dfrac{\gamma^2 \delta^{2-p} - \delta^2 \gamma^{2-p} + (\delta^2 - \gamma^2)z^{2-p}}{\delta^{2-p} - \gamma^{2-p}} - z^2}}.$$

Posons, pour abréger,

$$P = \frac{\gamma^2 \delta^{2-p} - \delta^2 \gamma^{2-p} + (\delta^2 - \gamma^2)z^{2-p}}{\delta^{2-p} - \gamma^{2-p}},$$

de sorte qu'on ait

$$V = \int_\gamma^\delta \frac{dz}{\sqrt{P-z^2}},$$

et cherchons comment varie P, lorsqu'on fait augmenter ou diminuer le nombre positif p, γ et δ conservant les mêmes valeurs. Or la dérivée $\frac{dP}{dp}$ est de même signe que l'expression

$$(\delta^2-\gamma^2)[(z^{2-p}-\gamma^{2-p})\delta^{2-p}\log\delta + (\delta^{2-p}-z^{2-p})\gamma^{2-p}\log\gamma - (\delta^{2-p}-\gamma^{2-p})z^{2-p}\log z],$$

ou, en supprimant le facteur positif $\delta^2 - \gamma^2$, et divisant par la quantité positive $\delta^{2-p}\gamma^{2-p}z^{2-p}$, de même signe que

$$P_{,} = (\delta^{p-2} - \gamma^{p-2})\log z - (z^{p-2} - \gamma^{p-2})\log\delta - (\delta^{p-2} - z^{p-2})\log\gamma.$$

Faisons

$$\delta^{p-2} = \Delta, \quad z^{p-2} = Z, \quad \gamma^{p-2} = \Gamma,$$

et nous aurons

$$P_{,}(p-2) = (\Delta - \Gamma)\log Z - (Z - \Gamma)\log\Delta - (\Delta - Z)\log\Gamma,$$

et par conséquent

$$\frac{d.P_{,}(p-2)}{dZ} = \frac{\Delta - \Gamma}{Z} - (\log\Delta - \log\Gamma) = \frac{\log\Delta - \log\Gamma}{Z}\left(\frac{\Delta - \Gamma}{\log\Delta - \log\Gamma} - Z\right).$$

Or, si l'on désigne par M une moyenne entre Γ et Δ, et si l'on intègre l'équation $d.\log u = \frac{du}{u}$, depuis $u = \Gamma$ jusqu'à $u = \Delta$, on trouvera

$$\log\Delta - \log\Gamma = \frac{1}{M}(\Delta - \Gamma);$$

il en résulte

$$\frac{d.P_{,}(p-2)}{dZ} = \frac{\log\Delta - \log\Gamma}{Z}(M - Z).$$

Cela posé, considérons d'abord le cas où p est plus grand que 2; on a alors $\Delta > \Gamma$. Si l'on fait augmenter Z depuis Γ

jusqu'à Δ, la valeur de $\frac{d.\mathrm{P}_{,}(p-2)}{dZ}$ passe du positif au négatif; et comme on a $p-2>0$, on en conclut que $\mathrm{P}_{,}$ augmente d'abord et diminue ensuite. Or, pour les valeurs $Z=\Gamma$,
$Z=\Delta$, on a $\mathrm{P}_{,}=0$; par conséquent, $\mathrm{P}_{,}$ est positif pour les
valeurs de Z comprises entre Γ et Δ, ou, ce qui est la même
chose, pour les valeurs de z comprises entre γ et δ. Donc
enfin pour ces valeurs de z, P augmente avec p.

Supposons maintenant p moindre que 2, et par consé-
quent $\Delta < \Gamma$. Si l'on fait augmenter Z depuis Δ jusqu'à Γ, la
valeur de $\frac{d.\mathrm{P}_{,}(p-2)}{dZ}$ passe du négatif au positif; et comme
on a $p-2<0$, on en conclut que $\mathrm{P}_{,}$ augmente d'abord et
diminue ensuite, et on en déduira, comme tout à l'heure, que
P augmente avec p, pour toutes les valeurs de z comprises
entre γ et δ.

La fonction désignée par P augmentant avec p, l'angle
$V = \int_{\gamma}^{\delta} \frac{dz}{\sqrt{\mathrm{P}-z^2}}$ diminue, au contraire, lorsque p augmente.

Si nous supposons d'abord $p=0$, nous trouverons que
P se réduit à z^2, et par conséquent l'angle V est infini. Si nous
faisons ensuite $p=1$, nous aurons

$$V = \int_{\gamma}^{\delta} \frac{dz}{\sqrt{-\gamma\delta + (\delta+\gamma)z - z^2}} = \int_{\gamma}^{\delta} \frac{dz}{\sqrt{(z-\gamma)(\delta-z)}} = \varpi.$$

Passons au cas où $p=4$, il viendra

$$V = \int_{\gamma}^{\delta} \frac{z\,dz}{\sqrt{(z^2-\gamma^2)(\delta^2-z^2)}} = \frac{\varpi}{2}.$$

Enfin, si l'on fait croître p jusqu'à l'infini, P se réduit à δ^2,
comme on le voit en le mettant sous la forme

$$P = \frac{\gamma^2\delta^2\left[\left(\frac{\gamma}{\delta}\right)^p - 1\right] + (\delta^2 - \gamma^2)z^2 \left(\frac{\gamma}{z}\right)^p}{\delta^2 \left(\frac{\gamma}{\delta}\right)^p - \gamma^2},$$

et remarquant que $\frac{\gamma}{\delta}$, $\frac{z}{\delta}$ sont des fractions moindres que l'u-nité : on a donc

$$V = \int_\gamma^\delta \frac{dz}{\sqrt{\delta^2 - z^2}}, \quad \text{d'où} \quad \cos V = \frac{\gamma}{\delta}.$$

Par conséquent si p est compris entre zéro et 1, c'est-à-dire si n est compris entre — 3 et — 2, V est compris entre ∞ et ϖ ; si p est compris entre 1 et 4, c'est-à-dire si n est compris entre — 2 et + 1, V est compris entre ϖ et $\frac{\varpi}{2}$; enfin si p est plus grand que 4, c'est-à-dire si n est plus grand que + 1, V est compris entre $\frac{\varpi}{2}$ et l'arc qui a pour cosinus la fraction $\frac{\gamma}{\delta}$.

Dans le cas particulier où $p = 1$, et où, comme on vient de le voir, $V = \varpi$, la courbe est une ellipse dont l'origine est un foyer.

Dans le cas où $p = 4$ et pour lequel on vient de trouver $V = \frac{\varpi}{2}$, la courbe est encore une ellipse : mais l'origine en est le centre.

27. *Quatrième cas.* Nommons γ la valeur commune des deux racines de l'équation (5) : la valeur de $d\theta$ ne sera réelle que pour $z = \gamma$, ce qui donne $dz = 0$; ainsi, dans ce cas, la courbe décrite est un cercle de rayon $\frac{1}{\gamma}$.

28. On peut regarder ce cercle comme la limite de la courbe décrite, lorsque les deux racines γ et δ, étant dis-

4

tinctes, s'approchent de plus en plus l'une de l'autre; et alors on peut se demander quelle est la limite de l'angle compris entre un rayon vecteur maximum et le rayon vecteur minimum qui le suit. Cette question peut être résolue généralement, non-seulement lorsque l'attraction est proportionnelle à une puissance quelconque de la distance, mais lorsqu'elle en est une fonction quelconque.

Reprenons l'équation trouvée plus haut

$$\left(\frac{dz}{d\theta}\right)^2 = a + \frac{2}{c^2}\varphi(z) - z^2,$$

ou bien

$$d\theta = \frac{dz}{\sqrt{a + \frac{2}{c^2}\varphi(z) - z^2}},$$

et supposons qu'il existe deux valeurs positives γ et δ de z, satisfaisant à la condition $a + \frac{2}{c^2}\varphi(z) - z^2 = 0$; la question est de déterminer la limite de l'intégrale

$$V = \int_\gamma^\delta \frac{dz}{\sqrt{a + \frac{2}{c^2}\varphi(z) - z^2}},$$

lorsque δ devient égal à γ.

Or, les deux relations

$$a + \frac{2}{c^2}\varphi(\delta) = \delta^2, \quad a + \frac{2}{c^2}\varphi(\gamma) = \gamma^2;$$

donnent

$$\frac{2}{c^2} = \frac{\delta^2 - \gamma^2}{\varphi(\delta) - \varphi(\gamma)}, \quad a = \frac{\gamma^2\varphi(\delta) - \delta^2\varphi(\gamma)}{\varphi(\delta) - \varphi(\gamma)},$$

et, par conséquent,

$$V = \int_\gamma^\delta \frac{dz\sqrt{\varphi(\delta) - \varphi(\gamma)}}{\sqrt{\gamma^2\varphi(\delta) - \delta^2\varphi(\gamma) + (\delta^2 - \gamma^2)\varphi(z) - [\varphi(\delta) - \varphi(\gamma)]z^2}}.$$

Faisons

$$z = \frac{\gamma + \delta u}{1 + u},$$

il vient

$$V = \int_0^\infty U \frac{du}{(1+u)^2},$$

en posant

$$U^2 = \frac{(\delta - \gamma)^2 \left[\varphi(\delta) - \varphi(\gamma) \right]}{\gamma^2 \varphi(\delta) - \delta^2 \varphi(\gamma) + (\delta^2 - \gamma^2)\varphi\left(\frac{\gamma+\delta}{1+u}\right) - \left[\varphi(\delta) - \varphi(\gamma)\right]\left(\frac{\gamma+\delta u}{1+u}\right)^2}.$$

Si maintenant on fait $\delta = \gamma$, la valeur de U^2 prend la forme $\frac{0}{0}$; mais, en appliquant la méthode ordinaire pour en trouver la vraie valeur, on trouve

$$\lim . U^2 = \frac{(1+u)^2}{u} \cdot \frac{\varphi'(\gamma)}{\varphi'(\gamma) - \gamma\varphi''(\gamma)},$$

et par conséquent

$$\lim V = \sqrt{\frac{\varphi'(\gamma)}{\varphi'(\gamma) - \gamma\varphi''(\gamma)}} \times \int_0^\infty \frac{du}{(1+u)\sqrt{u}} = \pi \sqrt{\frac{\varphi'(\gamma)}{\varphi'(\gamma) - \gamma\varphi''(\gamma)}}.$$

Si maintenant on veut que la force soit proportionnelle à la n^e puissance de la distance, il faudra, comme on l'a vu, poser

$$\varphi'(z) = \frac{\mu}{z^{n+2}},$$

et on en conclura

$$V = \frac{\pi}{\sqrt{n+3}}, \quad (^*)$$

valeur indépendante de γ.

Ce n'est d'ailleurs que dans ce cas que V est indépendant

(*) Cette formule a été donnée par Newton dans le livre des Principes.

4.

de γ; car, si l'on pose

$$\frac{\varphi'(\gamma)}{\varphi'(\gamma) - \gamma\varphi''(\gamma)} = h,$$

h ne contenant pas γ, on en conclut $\varphi'(\gamma) = A\gamma'^{-\frac{i}{i}}$, A désignant une constante arbitraire, c'est-à-dire que l'attraction est proportionnelle à une puissance de la distance.

29. La valeur de V se réduit à ϖ, lorsque $n = -2$, et lors même que la courbe décrite diffère sensiblement du cercle, on a vu précédemment que cet angle ne peut être égal à ϖ que dans le cas où n est précisément -2. Ceci confirme l'exactitude de la loi découverte par Newton pour l'attraction des corps célestes : car, si cette attraction était en raison inverse d'une puissance de la distance dont l'exposant fût plus grand ou plus petit que 2, il en résulterait pour les périhélies des planètes des mouvements très-rapides : par exemple, si cet exposant était 2,01, on aurait dans le cas d'une orbite à peu près circulaire $V = \dfrac{\varpi}{\sqrt{1 - 0,01}}$ ou à peu près $V = \varpi + \dfrac{0,01\varpi}{2}$. Le périhélie se déplacerait donc, à chaque révolution, de l'angle 0,01 ϖ; c'est-à-dire de 1° 48', tandis que les mouvements observés ne sont que de quelques secondes, et trouvent d'ailleurs leur explication dans la loi même de la gravitation.

Le 31 janvier 1843.

Vu et approuvé :

Le doyen de la faculté,

MORREN.

THÈSE D'ASTRONOMIE.

DÉTERMINATION

DE

L'APLATISSEMENT DE LA TERRE

PAR

LES INÉGALITÉS DU MOUVEMENT DE LA LUNE.

1. Les inégalités du mouvement de la lune sont dues à deux causes : à l'action du soleil et à la non-sphéricité de la terre. Ces dernières sont liées à l'aplatissement du sphéroïde terrestre, et donnent par conséquent un moyen de le déterminer. C'est ce que je me propose de faire, en suivant, avec quelques modifications, la marche indiquée par M. Poisson dans son Mémoire sur le mouvement de la lune.

Je supposerai que la terre est un ellipsoïde de révolution autour de son petit axe. Cette hypothèse s'écarte peu de la réalité; d'ailleurs, en tournant sur elle-même, le terre, présentant à la lune toutes ses faces, agit à très-peu près comme un solide de révolution.

2. Soient o le centre de la terre, oξ, oη, oζ, les directions de ses axes principaux d'inertie; ξ, η, ζ les coordonnées de la lune; r sa distance au centre de la terre; u, v, w les coordonnées d'un élément dM de la masse de la terre, et posons

$$\iiint u^2 d\mathrm{M} = \iiint v^2 d\mathrm{M} = \mathrm{A}, \quad \iiint w^2 d\mathrm{M} = \mathrm{C}.$$

L'action de l'élément dM sur la lune sera

$$\frac{d\mathrm{M}}{(u-\xi)^2+(v-\eta)^2+(w-\zeta)^2}$$

et la composante de cette action parallèlement à l'axe oξ sera

$$\frac{(u-\xi)d\mathrm{M}}{[(u-\xi)^2+(v-\eta)^2+(w-\zeta)^2]^{\frac{3}{2}}}.$$

On aura donc

$$\frac{d^2\xi}{dt^2} = \iiint \frac{(u-\xi)d\mathrm{M}}{[(u-\xi)^2+(v-\eta)^2+(w-\zeta)^2]^{\frac{3}{2}}} = \frac{d}{d\xi}\iiint \frac{d\mathrm{M}}{[(u-\xi)^2+(v-\eta)^2+(w-\zeta)^2]^{\frac{1}{2}}}.$$

On trouvera de même

$$\frac{d^2\eta}{dt^2} = \frac{d}{d\eta}\iiint \frac{d\mathrm{M}}{[(u-\xi)^2+(v-\eta)^2+(w-\zeta)^2]^{\frac{1}{2}}},$$

$$\frac{d^2\zeta}{dt^2} = \frac{d}{d\zeta}\iiint \frac{d\mathrm{M}}{[(u-\zeta)^2+(v-\eta)^2+(w-\zeta)^2]^{\frac{1}{2}}}.$$

3. Développons $[(u-\xi)^2+(v-\eta)^2+(w-\zeta)^2]^{-\frac{1}{2}}$ en remarquant que u, v, w sont des quantités très-petites par rapport à la distance $r = \sqrt{\xi^2+\eta^2+\zeta^2}$, nous trouverons

$$[(u-\xi)^2+(v-\eta)^2+(w-\zeta)^2]^{-\frac{1}{2}}=(r^2-2\xi u-2\eta v-2\zeta w+u^2+v^2+w^2)^{-\frac{1}{2}}$$

$$=\frac{1}{r}\left(1-\frac{2(\xi u+\eta v+\zeta w)}{r^2}+\frac{u^2+v^2+w^2}{r^2}\right)^{-\frac{1}{2}}$$

$$=\frac{1}{r}\left(1+\frac{\xi u+\eta v+\zeta w}{r^2}-\frac{u^2+v^2+w^2}{r^2}+\frac{3(\xi u+\eta v+\zeta w)^2}{2r^4}+\text{etc...}\right).$$

Si nous nous bornons aux premiers termes du développement, nous aurons donc

$$\iiint \frac{d\mathrm{M}}{[(u-\xi)^2+(v-\eta)^2+(w-\zeta)^2]^{\frac{1}{2}}} = \frac{\mathrm{M}}{r} - \frac{2\mathrm{A}+\mathrm{C}}{2r^3} + \frac{3(\mathrm{A}\xi^2 + \mathrm{A}\eta^2 + \mathrm{C}\zeta^2)}{2r^5}$$
$$= \frac{\mathrm{M}}{r} + \frac{(\mathrm{A}-\mathrm{C})(\xi^2+\eta^2-2\zeta^2)}{2r^5};$$

et si nous posons

$$\mathrm{R} = -\frac{(\mathrm{A}-c)\ (\xi^2+\eta^2-2\zeta^2)}{2r^5},$$

les équations obtenues précédemment pourront s'écrire (*):

$$\frac{d^2\xi}{dt^2} + \frac{\mathrm{M}\xi}{r^3} + \frac{d\mathrm{R}}{d\xi} = 0,$$

$$\frac{d^2\eta}{dt^2} + \frac{\mathrm{M}\eta}{r^3} + \frac{d\mathrm{R}}{d\eta} = 0,$$

$$\frac{d^2\zeta}{dt^2} + \frac{\mathrm{M}\zeta}{r^3} + \frac{d\mathrm{R}}{d\zeta} = 0.$$

4. On peut donner à la fonction R une forme plus commode.

Soit ψ l'angle que fait le rayon vecteur de la lune avec le petit axe $o\zeta$ de la terre, on aura $\xi^2 + \eta^2 = r^2(1 - \cos^2\psi)$ et $\zeta^2 = r^2\cos^2\psi$; par suite $\xi^2 + \eta^2 - 2\zeta^2 = r^2(1 - 3\cos^2\psi)$; on pourra donc poser

$$\mathrm{R} = -\frac{(\mathrm{A}-c)\ (1 - 3\cos^2\psi)}{2r^3}.$$

5. Rapportons maintenant le mouvement de la lune au plan de l'écliptique que nous regarderons comme fixe.

(*) Nous n'avons eu égard, en formant ces équations, qu'à l'action de la terre sur la lune; mais si l'on veut qu'elles conviennent au mouvement relatif de la lune autour de la terre, il faut appliquer à la lune une force accélératrice égale et contraire à celle qui provient de son action sur la terre, ce qui revient à regarder, dans les équations du mouvement, M comme exprimant la somme des masses de ces deux corps.

L'origine étant toujours le centre de la terre, supposons l'axe des x dirigé vers l'équinoxe du printemps (*); prenons pour axe des y la perpendiculaire à cette ligne menée dans le plan de l'écliptique, et pour axe des z la normale à ce plan.

Le petit axe de la terre sera situé dans le plan des yz et fera avec l'axe des z un angle i égal à l'obliquité de l'écliptique.

En désignant par x, y, z les coordonnées de la lune, nous aurons

$$\cos \psi = \frac{y \sin i + z \cos i}{r},$$

d'où

$$R = - \frac{A - c}{2r} \left(1 - \frac{3(y \sin i + z \cos i)}{r^2} \right).$$

Mais l'inclinaison de la lune sur le plan de l'écliptique étant peu considérable, on peut négliger le carré de z, et l'on a

$$R = - \frac{A - c}{2r^3} \left(1 - 3 \frac{y^2 \sin^2 i + 2yz \sin i \cos i}{r^2} \right).$$

Les équations du mouvement de la lune par rapport aux nouveaux axes sont d'ailleurs

$$\frac{d^2x}{dt^2} + \frac{Mx}{r^3} + \frac{dR}{dx} = 0,$$

$$\frac{d^2y}{dt^2} + \frac{My}{r^3} + \frac{dR}{dy} = 0,$$

$$\frac{d^2z}{dt^2} + \frac{Mz}{r^3} + \frac{dR}{dz} = 0.$$

(*) On néglige la *précession* à cause de sa lenteur, et la *nutation* à cause de sa petitesse; ce qui permet de regarder comme fixes la ligne des équinoxes et le petit axe de la terre.

6. Pour déterminer les perturbations produites dans ce mouvement par la non-sphéricité de la terre, nous nous servirons des formules connues pour la variation des constantes arbitraires, et nous prendrons pour ces constantes :

1° Le demi-grand axe a de l'orbite, auquel le mouvement angulaire n est lié par la formule $n = \sqrt{\dfrac{M}{a^3}}$;

2° L'excentricité e de l'orbite ;

3° L'inclinaison γ du plan de l'orbite sur le plan des xy ;

4° L'angle α que fait avec l'axe des x la ligne des nœuds, c'est-à-dire la trace du plan de l'orbite sur le plan des xy ;

5° L'angle ω que fait avec la ligne des nœuds le rayon vecteur mené au périgée ;

6° Enfin un angle ε tel qu'à l'époque du passage au périgée on ait $nt + \varepsilon - \omega = 0$.

On a alors

$$\frac{da}{dt} = -\frac{2}{an} \cdot \frac{dR}{d\varepsilon},$$

$$\frac{de}{dt} = \frac{\sqrt{1-e^2}}{a^2 ne} \cdot \frac{dR}{d\omega} + \frac{\sqrt{1-e^2}}{a^2 ne}\left(1 - \sqrt{1-e^2}\right)\frac{dR}{d\varepsilon},$$

$$\frac{d\gamma}{dt} = \frac{1}{a^2 n\sqrt{1-e^2}\sin\gamma} \cdot \frac{dR}{d\alpha} - \frac{\cos\gamma}{a^2 n\sqrt{1-e^2}\sin\gamma}\left(\frac{dR}{d\varepsilon} + \frac{dR}{d\omega}\right),$$

$$\frac{d\alpha}{dt} = -\frac{1}{a^2 n\sqrt{1-e^2}\sin\gamma} \cdot \frac{dR}{d\gamma},$$

$$\frac{d\omega}{dt} = -\frac{\sqrt{1-e^2}}{a^2 ne} \cdot \frac{dR}{de} - \frac{\cos\gamma}{a^2 n\sqrt{1-e^2}\sin\gamma} \cdot \frac{dR}{d\gamma},$$

$$\frac{d\varepsilon}{dt} = \frac{2}{an} \cdot \frac{dR}{da} - \frac{\sqrt{1-e^2}}{a^2 ne}\left(1 - \sqrt{1-e^2}\right)\frac{dR}{de} + \frac{\cos\gamma}{a^2 n\sqrt{1-e^2}\sin\gamma} \cdot \frac{dR}{d\gamma}.$$

7. Pour appliquer ces formules, il faut exprimer R en fonction du temps et des six constantes qui viennent d'être définies.

5

Or, si l'on désigne par v l'angle que fait le rayon vecteur de la lune avec la ligne des nœuds, et par u l'anomalie excentrique, on a les formules suivantes :

$$nt + \varepsilon - \omega = u - e \sin u;$$

$$\tan \tfrac{1}{2}(v - \omega) = \sqrt{\tfrac{1+e}{1-e}} \tan \tfrac{1}{2}u, \quad r = a(1 - e \cos u),$$

$$x = r \cos v \cos \alpha - r \sin v \sin \alpha \cos \gamma, \quad y = r \cos v \sin \alpha + r \sin v \cos \alpha \cos \gamma,$$

$$z = r \sin v \sin \gamma.$$

Si l'on néglige les carrés et les produits des excentricités et des inclinaisons, les valeurs de y et de z se réduisent à

$$y = r \sin(v + \alpha), \quad z = a\gamma \sin(nt + \varepsilon).$$

En les substituant dans la fonction R, on trouvera, en se bornant au même degré d'approximation,

$$R = -\frac{A - C}{2r^3}\left(1 - \frac{3}{2}\sin^2 i - \frac{3\gamma}{2}\cos\alpha \sin 2i \right.$$
$$\left. + \frac{3}{2}\sin^2 i \cos 2(v + \alpha) + \frac{3\gamma}{2}\sin 2i \cos(2nt + 2\varepsilon + \alpha)\right).$$

Mais on a par des formules connues et en négligeant toujours les termes du second ordre,

$$\cos 2(v + \alpha) = \cos(2nt + 2\varepsilon + 2\alpha) - 2e \cos(nt + \varepsilon + 2\alpha + \omega)$$
$$+ 2e \cos(3nt + 3\varepsilon + 2\alpha - \omega);$$

$$\frac{1}{r^3} = \frac{1}{a^3}[1 + 3e \cos(nt + \varepsilon + \omega)];$$

et si l'on porte ces valeurs dans la fonction R, on aura enfin, en ne conservant que les termes non périodiques d'un ordre inférieur au second,

$$R = -\frac{A - C}{2a^3}\left(1 - \frac{3}{2}\sin^2 i\right) + \frac{3(A - C)}{4a^3}\gamma \sin 2i \cos\alpha.$$

8. De cette valeur on conclut d'abord

$$\frac{dR}{d\varepsilon} = 0, \quad \frac{dR}{d\omega} = 0, \quad \frac{dR}{de} = 0,$$

et par conséquent la non-sphéricité de la terre ne produit aucune inégalité dans les valeurs des éléments a et e. De plus, on déduit des formules données plus haut (n° 6),

$$\frac{d\gamma}{dt} = \frac{1}{a^2 n\gamma}\frac{dR}{d\alpha},$$

$$\frac{d\alpha}{dt} = -\frac{1}{a^2 n\gamma}\frac{dR}{d\gamma},$$

$$\frac{d\omega}{dt} = -\frac{1}{a^2 n\gamma}\frac{dR}{d\gamma},$$

$$\frac{d\varepsilon}{dt} = \frac{2}{an}\cdot\frac{dR}{da} + \frac{1}{a^2 n\gamma}\cdot\frac{dR}{d\gamma},$$

$$\frac{d(\varepsilon+\alpha)}{dt} = \frac{2}{an}\cdot\frac{dR}{da} - \frac{\gamma}{2a^2 n}\cdot\frac{dR}{d\gamma},$$

en ne conservant dans chacune de ces dérivées que les parties de l'ordre le moins élevé.

9. Cela posé, nommons λ la latitude de la lune, nous aurons $\sin\lambda = \frac{z}{r}$; ou, en réduisant chaque membre à sa partie principale, $\lambda = \gamma\sin(nt+\varepsilon)$, et par suite

$$\delta\lambda = \delta\gamma\sin(nt+\varepsilon) + \gamma\delta\varepsilon\cos(nt+\varepsilon);$$

$\delta\lambda$, $\delta\gamma$, $\delta\varepsilon$, désignant les inégalités des angles λ, γ, ε. Or, si nous remplaçons R par sa valeur dans les formules précédentes (n° 8), nous trouverons

$$\frac{d\gamma}{dt} = -\frac{3(A-C)}{4a^5 n}\sin 2i\sin\alpha, \quad \frac{d\varepsilon}{dt} = \frac{3(A-C)}{4a^5 n\gamma}\sin 2i\cos\alpha.$$

Intégrons et rappelons-nous qu'en vertu de l'action du soleil la ligne des nœuds a un mouvement de révolution sensiblement uniforme, il nous viendra

$$\delta\gamma = \frac{3(A-C)}{4a^5 nh}\sin 2i\sin\alpha, \quad \delta\varepsilon = \frac{3(A-C)}{4a^5 n\gamma}\sin 2i\cos\alpha,$$

h désignant le moyen mouvement angulaire du nœud.

5.

10. On peut se demander si les inégalités des éléments elliptiques de la lune dues à la cause que nous considérons, n'altèrent pas les perturbations produites par l'action du soleil.

Or, la fonction perturbatrice qui résulte de cette dernière action est donnée par la formule

$$Q = -\frac{m'a^2}{4a'^3}\left(1 + \frac{3}{2}e^2 + \frac{3}{2}e'^2 - \frac{3}{2}\left[\gamma^2 + \gamma'^2 - 2\gamma\gamma'\cos(\alpha - \alpha')\right]\right).$$

Les lettres accentuées se rapportent au soleil (on a réduit cette formule aux termes non périodiques et d'un ordre inférieur au quatrième). Mais, par le choix de nos coordonnées, on a $\gamma' = 0$. Ce qui réduit cette formule à

$$Q = -\frac{m'a^2}{4a'^3}\left(1 + \frac{3}{2}e^2 + \frac{3}{2}e'^2 - \frac{3}{2}\gamma^2\right).$$

Les expressions de $\frac{d\gamma}{dt}$ et de $\frac{d\varepsilon}{dt}$ qu'on obtient en substituant cette valeur de Q à la place de R dans les formules générales (n° 6) sont les suivantes :

$$\frac{d\gamma}{dt} = 0, \quad \frac{d\varepsilon}{dt} = -\frac{m'}{a'^3 n}\left(1 + \frac{3}{2}e^2 + \frac{3}{2}e'^2 - \frac{3}{2}\gamma^2\right) - \frac{3m'}{8a'^3 n}e^2 + \frac{3m'}{4a'^3 n}.$$

On vient de voir qu'en vertu de la non-sphéricité de la terre, l'inclinaison γ est augmentée de $\delta\gamma$; par conséquent la valeur précédente de $\frac{d\varepsilon}{dt}$ est augmentée de la partie

$$\frac{3m'}{a'^3 n}\gamma\delta\gamma = -\frac{3(A-C)}{a^5 n}\gamma\sin 2i\cos\alpha,$$

à cause de $h = -\frac{3m'}{4a'^3 n}$ (*) ; mais, en la comparant à celle

---

(*) Cette valeur de h se trouve en substituant la fonction Q à la place de R dans la valeur générale de $\frac{d\alpha}{dt}$: il vient en effet $\frac{d\alpha}{dt}$ ou

$$h = \frac{1}{a^2 n\gamma}\frac{dQ}{d\gamma} = -\frac{3m'}{4a'^3 n}.$$

qui provient directement de la non-sphéricité de la terre, on voit que, par rapport à cette dernière, elle est du second ordre; on peut donc la négliger. Ainsi nous aurons pour l'inégalité en latitude

$$\delta\lambda = \frac{3(A-c)}{4a^5nh}\sin 2i\sin(nt + \varepsilon + \alpha).$$

Elle a pour argument la longitude moyenne de la lune comptée de l'équinoxe du printemps, et son coefficient

$$\frac{3(A-C)}{4a^5nh}\sin 2i,$$

est, d'après l'observation, égal à $-8'',00$.

11. Occupons-nous maintenant de l'inégalité en longitude. La partie principale de la longitude est $nt + \varepsilon + \alpha$: or, n ne dépendant que du demi-grand axe, n'a que des inégalités périodiques; l'inégalité que nous cherchons se réduit donc à $\delta(\varepsilon + \alpha)$.

Mais on a trouvé plus haut (n° 8),

$$\frac{d(\varepsilon + \alpha)}{dt} = \frac{2}{an}\cdot\frac{dR}{da} - \frac{\gamma}{2a^2n}\cdot\frac{dR}{d\gamma}.$$

La valeur de $\frac{dR}{da}$ se composera de deux parties; l'une contiendra le facteur $\cos\alpha$, l'autre ne renfermera pas l'angle α : de cette seconde partie résultera une inégalité croissant proportionnellement au temps, et qui n'aura d'autre effet que d'altérer le moyen mouvement d'une quantité constante; nous la laisserons de côté, et nous aurons simplement

$$\frac{d(\varepsilon + \alpha)}{dt} = -\frac{39(A-C)}{8a^5n}\gamma\sin 2i\cos\alpha.$$

Mais, en considérant l'action du soleil, on a

$$\frac{d(\varepsilon + \alpha)}{dt} = \frac{2}{an} \cdot \frac{dQ}{da} - \frac{2}{a^2 n} \cdot \frac{dQ}{de} - \frac{\gamma}{2a^2 n} \cdot \frac{dQ}{d\gamma}$$

$$= -\frac{m'}{a'^3 n} \left(1 + \frac{3}{2} e^2 + \frac{3}{2} e'^2 - \frac{3}{2} \gamma^2 \right) - \frac{3m'}{8a'^3 n} \gamma^2 ;$$

et si l'on augmente γ de l'inégalité $\delta\gamma$ déterminée plus haut, on voit que $\frac{d(\varepsilon + \alpha)}{dt}$ contiendra la partie

$$\frac{3m'}{a'^3 n} \gamma \delta\gamma - \frac{3m'}{4a'^3 n} \gamma \delta\gamma = -\frac{9(A - C)}{4a^5 n} \gamma \sin 2i \cos \alpha.$$

La valeur complète de la partie de $\frac{d(\varepsilon + \alpha)}{dt}$ qui provient de la non-sphéricité de la terre est donc

$$\frac{d(\varepsilon + \alpha)}{dt} = -\frac{39(A - C)}{8a^5 n} \gamma \sin 2i \cos \alpha - \frac{9(A - C)}{4a^5 n} \gamma \sin 2i \cos \alpha,$$

ou en réduisant

$$\frac{d(\varepsilon + \alpha)}{dt} = -\frac{57(A - C)}{8a^5 n} \gamma \sin 2i \cos \alpha.$$

Si maintenant nous intégrons, nous trouverons

$$\delta(\varepsilon + \alpha) = -\frac{57(A - C)}{8a^5 nh} \gamma \sin 2i \sin \alpha.$$

Telle est l'inégalité du mouvement de la lune en longitude. Elle a pour argument le mouvement du nœud ; et son coefficient $-\frac{57(A - C)}{8a^5 nh} \gamma \sin 2i$ déterminé par l'observation est 6″,8.

12. Pour déduire de ces deux inégalités l'aplatissement de la terre, il nous reste à exprimer $A - C$ en fonction de cet aplatissement. Or, par les formules qui donnent les moments principaux d'un ellipsoïde, on a, en désignant par 2R

et $2R'$ le grand et le petit axe de la terre, et par M, sa masse,

$$A = \frac{M,R^2}{5}, \quad C = \frac{M_I R'^2}{5}.$$

Nommons Ω l'aplatissement, de sorte que l'on ait

$$R'R = R(1-\Omega);$$

il en résulte

$$A - C = \frac{2M,R^2\Omega}{5},$$

en négligeant le carré de Ω. Si l'on substitue cette valeur dans le coefficient de l'inégalité en latitude, qu'on remplace l'arc de $8''$ par sa longueur évaluée dans le cercle dont le rayon est 1, et qu'on ait égard à la relation $a^3 n^2 = M$, on aura l'équation

$$\frac{3}{10} \times \frac{M_I}{M} \times \left(\frac{R}{a}\right)^2 \times \frac{n}{h} \times \Omega \sin 2i = -\frac{\pi}{81000},$$

ou bien

$$\frac{1}{\Omega} = -\frac{24300}{\pi} \left(\frac{R}{a}\right)^2 \cdot \frac{n}{h} \times \frac{M_I}{M} \sin 2i;$$

or on a

$$\frac{R}{a} = \frac{1}{60,197}, \quad \frac{h}{n} = -0,0040217, \quad \frac{M}{M_I} = 1,0125, \quad i = 23°28';$$

en effectuant le calcul, on trouve $\frac{1}{\Omega} = 382$, ou

$$\Omega = \frac{1}{382}.$$

13. L'inégalité en longitude nous donnera de même l'équation

$$\frac{57}{20} \times \frac{M_I}{M} \times \left(\frac{R}{a}\right)^2 \cdot \frac{n}{h} \cdot \Omega \sin 2i = -\frac{6,8}{18527},$$

dans laquelle l'angle γ a été remplacé par sa valeur 5° 8′ 47″ réduite en secondes. De là on déduit

$$\frac{1}{\Omega} = -\frac{57.18527}{2.68}\left(\frac{R}{a}\right)^2 \cdot \left(\frac{n}{h}\right) \times \frac{M_1}{M} \sin 2i,$$

et en effectuaut le calcul, $\frac{1}{\Omega} = 384$, ou

$$\Omega = \frac{1}{384}.$$

14. Cette valeur s'accorde sensiblement avec la précédente; mais·elle est plus ·faible d'environ $\frac{1}{4}$ que l'aplatissement déterminé par les mesures géodésiques ou par les oscillations du pendule. C'est ce que l'on pouvait prévoir à l'avance; car, indépendamment des termes que nous avons négligés dans le calcul précédent, nous avons supposé la terre homogène : or, on sait, au contraire, que sa densité va en augmentant de la surface au centre; il en résulte que la valeur de A — C, trouvée plus haut, savoir $\frac{2M_1 R^2 \Omega}{5}$ est trop forte. Elle doit être multipliée par un coefficient moindre que l'unité et dépendant de la loi suivant laquelle la densité varie dans l'intérieur de la terre.

15. L'hypothèse la plus simple que l'on puisse faire consiste à supposer que la densité de la terre varie en progression arithmétique sur un même rayon, et qu'elle est la même dans toute l'étendue d'une couche infiniment mince comprise entre deux surfaces ellipsoïdales semblables à la surface terrestre. Pour trouver dans quel rapport varient les quantités A et ·C, considérons un ellipsoïde dont les trois axes soient a, b, c. Si d'abord nous le supposons ho-

mogène, nous aurons, en nommant D sa densité,

$$A = \frac{4\pi D a^3 bc}{15};$$

supposons-le ensuite hétérogène, et soient au, bu, cu les axes d'une surface semblable à celle qui le termine, ρ la densité pour les points de cette surface; la valeur de A pour la couche qui répond à l'accroissement du de la variable u sera

$$\rho d \cdot \frac{4\pi a^3 bc u^5}{15} = \frac{4}{5}\pi a^3 bc \cdot \rho u^4 du,$$

et pour l'ellipsoïde entier on aura

$$A_{_1} = \frac{4}{5}\pi a^3 bc \int_0^1 \rho u^4 du.$$

Les nombres 382 et 384 que nous avons trouvés doivent donc être multipliés par le rapport

$$\frac{A_1}{A} = \frac{5\int_0^1 \rho u^4 du}{D}$$

(D désignant la densité moyenne de la terre). Par notre hypothèse, la valeur de ρ est de la forme $mu + n$; nous déterminerons les constantes m et u par les deux conditions qu'à la surface de la terre la densité soit 2, et que sa densité moyenne soit 5.

La première condition nous donne $m + n = 2$. D'un autre côté, la densité moyenne d'un corps étant le quotient de la masse totale par le volume, nous aurons

$$\frac{4\pi abc \int \rho u^2 du}{\frac{4}{3}\pi abc} = 5,$$

6

ou bien $\frac{m}{4} + n = 5$. De ces deux équations, on conclut $m = -12$, $n = 14$, et par conséquent $\rho = 14 - 12\,u$. Si l'on porte cette valeur de ρ dans l'expression du rapport $\frac{A_1}{A}$, et qu'on y remplace D par 5, on trouvera $\frac{A_1}{A} = \frac{4}{5}$, et par conséquent les deux nombres obtenus précédemment seront remplacés par 305 et 307, ce qui s'accorde complétement avec le résultat des mesures géodésiques.

Le 31 janvier 1843.

Vu et approuvé :

Le doyen de la faculté,

MORREN.

Vu et approuvé pour l'impression, le 2 février 1843 :

Le recteur de l'académie,

L. DUFILHOL.

PARIS. — TYPOGRAPHIE DE FIRMIN DIDOT FRÈRES,

IMPRIMEURS DE L'INSTITUT, RUE JACOB, 56.

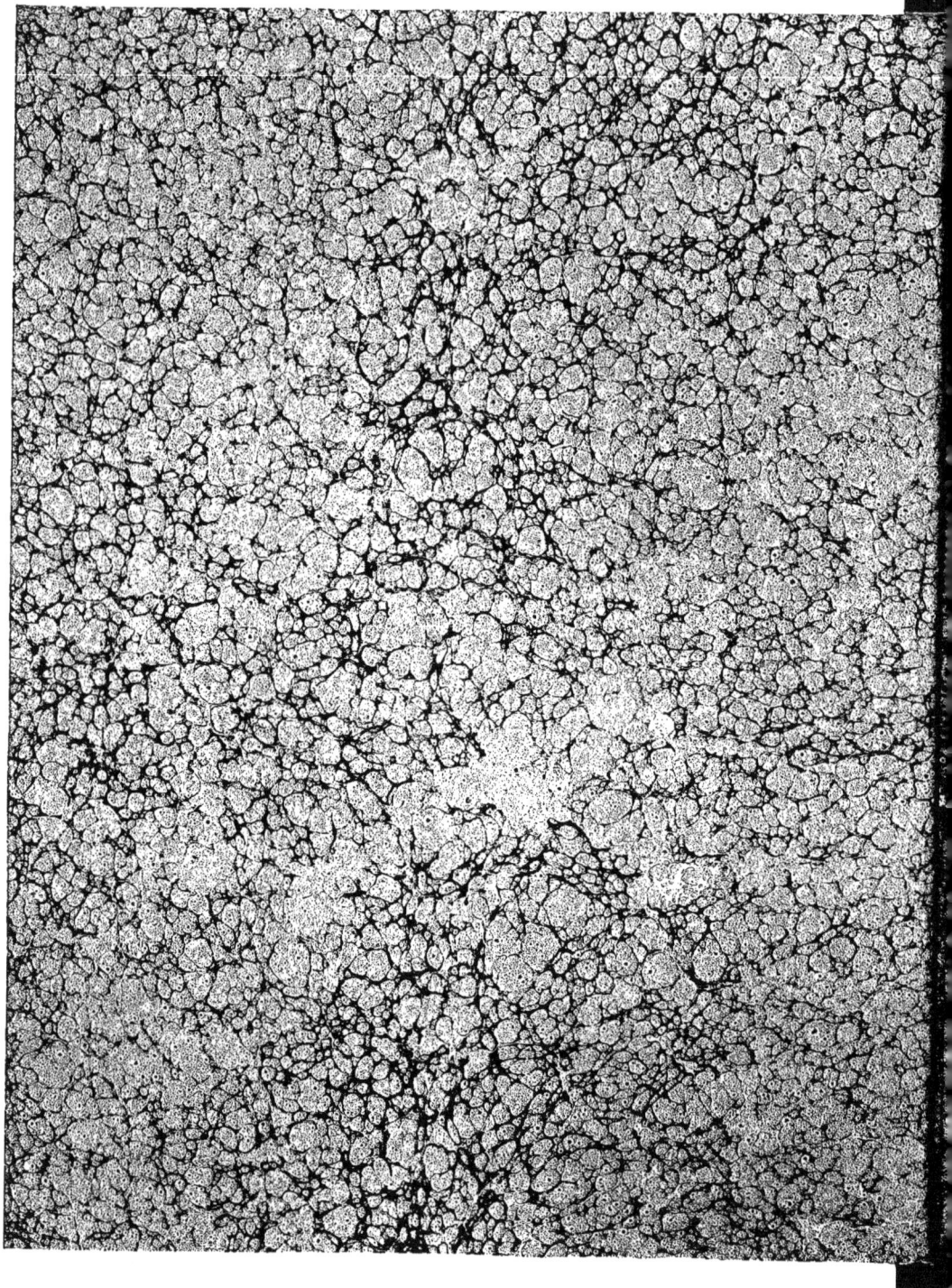

www.ingramcontent.com/pod-product-compliance
Lightning Source LLC
Chambersburg PA
CBHW071325200326
41520CB00013B/2863